Sadegh Kaviani

Estudo DFT sobre os agentes quelantes para o tratamento da sobrecarga de ferro

Sadegh Kaviani

Estudo DFT sobre os agentes quelantes para o tratamento da sobrecarga de ferro

ScienciaScripts

Imprint
Any brand names and product names mentioned in this book are subject to trademark, brand or patent protection and are trademarks or registered trademarks of their respective holders. The use of brand names, product names, common names, trade names, product descriptions etc. even without a particular marking in this work is in no way to be construed to mean that such names may be regarded as unrestricted in respect of trademark and brand protection legislation and could thus be used by anyone.

Cover image: www.ingimage.com

This book is a translation from the original published under ISBN 978-620-2-31846-4.

Publisher:
Sciencia Scripts
is a trademark of
Dodo Books Indian Ocean Ltd. and OmniScriptum S.R.L publishing group

120 High Road, East Finchley, London, N2 9ED, United Kingdom
Str. Armeneasca 28/1, office 1, Chisinau MD-2012, Republic of Moldova, Europe
Printed at: see last page
ISBN: 978-620-8-03727-7

ÍNDICE

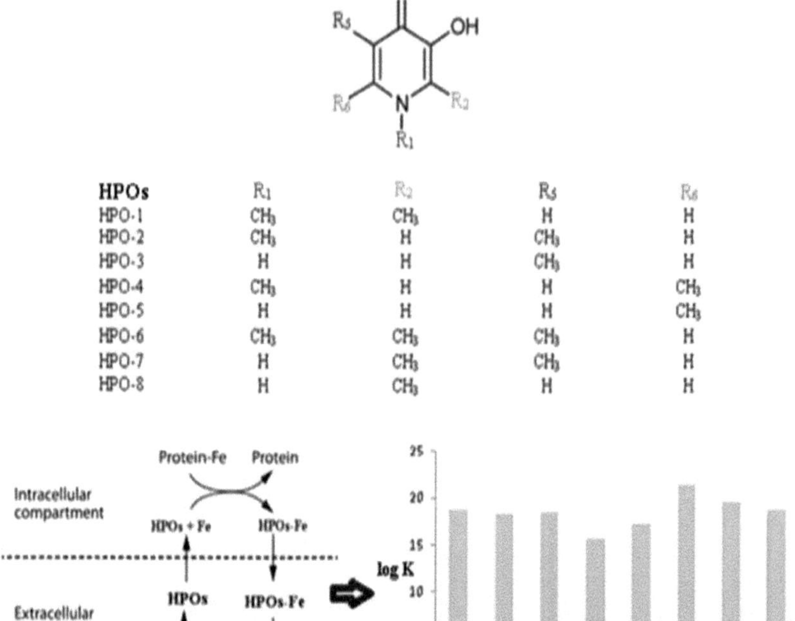

HPOs	R_1	R_2	R_5	R_6
HPO-1	CH_3	CH_3	H	H
HPO-2	CH_3	H	CH_3	H
HPO-3	H	H	CH_3	H
HPO-4	CH_3	H	H	CH_3
HPO-5	H	H	H	CH_3
HPO-6	CH_3	CH_3	CH_3	H
HPO-7	H	CH_3	CH_3	H
HPO-8	H	CH_3	H	H

Resumo

Atualmente, as 3-hidroxipiridina-4-onas (HPOs) como quelantes de ferro oralmente activos foram introduzidas para o tratamento de doenças associadas ao ferro, como a sobrecarga de ferro em doentes com talassemia. Neste trabalho, foi efectuado um estudo da teoria do funcional da densidade (DFT) numa série de HPOs constituídas por diferentes substituições em diferentes posições. A análise estrutural indica que todos os derivados de HPO se ligam ao Fe^{3+} como um modo de dois dentados através dos átomos de oxigénio dos grupos $C=O$. Confirma-se que o derivado de HPO composto por três grupos metilo nas diferentes posições (3-hidroxi-1,2,5-trimetil-4(1H) piridinona) forma o complexo mais estável com Fe^{3+}. Por conseguinte, este derivado de HPO actua como um melhor quelante de ferro do que os outros. A análise da frequência vibracional revela uma correlação entre a constante de afinidade do ferro e a frequência vibracional $C=O$ dos HPO. As interações doador-acetor mostram uma transferência de carga eficaz dos átomos de oxigénio dos HPO para o Fe^{3+}. A análise da teoria quântica dos átomos nas moléculas mostra que as interações não covalentes, principalmente as interações electrostáticas, desempenham um papel importante na formação do complexo de HPO e Fe^{3+}. Finalmente, foram obtidas e analisadas algumas correlações lineares entre as densidades electrónicas da ligação química Fe-O e os valores de energia de interação, a frequência vibracional das ligações $C=O$ e as densidades electrónicas da ligação química Fe-O.

Palavras-chave: Hidroxipiridinonas, Sobrecarga de ferro, Agentes quelantes, Efeito substituinte, Função de localização eletrónica, Localizador orbital localizado

CAPÍTULO 1

1. Introdução

O ferro desempenha um papel essencial em vários processos biológicos, como a transferência de electrões, o transporte de oxigénio, a síntese de ADN, a produção de energia, a respiração mitocondrial e o funcionamento adequado de muitas enzimas [1]. Embora o ferro seja um elemento essencial para todos os organismos vivos, torna-se tóxico em concentrações mais elevadas [2-4]. Níveis excessivos de ferro podem levar à geração de espécies reactivas de oxigénio (ROS) através da reação de Fenton [5-7]. A terapia de quelação do ferro é necessária para os doentes que sofrem da toxicidade da sobrecarga de ferro na β-talassemia ou na anemia falciforme [8-11]. O ferro férrico (Fe^{3+}) é um ião metálico duro devido ao seu raio iónico curto e carga elevada. Assim, a sua interação com os agentes quelantes é a interação não covalente, incluindo a interação eletrostática [12]. O Fe^{3+} forma complexos com bases duras, tais como átomos de oxigénio de salicilatos, hidroxamatos, catecolatos e hidroxipiridinonas [13]. A utilização de agentes quelantes para remover o excesso de ferro tem merecido mais atenção nos últimos trinta anos [14-17]. A fim de conceber agentes quelantes para aplicações clínicas, é necessário ter em conta a afinidade do metal e a estabilidade do complexo metal-ligante final.

A desferrioxamina (DFO) é o agente quelante terapêutico mais utilizado em hematologia, que tem uma afinidade muito elevada pelo Fe^{3+} [18-20]. A DFO tem algumas desvantagens importantes, como a inatividade por via oral, o custo elevado e a baixa adesão [21]. Por conseguinte, as suas aplicações terapêuticas têm sido limitadas. Entre as alternativas sintéticas recentemente introduzidas, as 3-hidroxipiridina-4-onas (HPO) demonstraram uma elevada afinidade para o ião metálico Fe^{3+} com uma atividade oral desejável, de tal modo que

o Fe^{3+} de alta rotação forma os complexos mais estáveis com os átomos de oxigénio das HPO

[22-24]. Os HPOs contêm um anel N-hetrociclo aromático de seis membros com grupos

funcionais alquilo, hidroxi e ceto (Fig. 1). A mudança nas posições das substituições do grupo

metilo conduz a oito tipos de HPOs: 3-hidroxi-1,2-dimetil-4(1H) piridinona (HPO1), 3-

hidroxi-1,5-dimetil-4(1H) piridinona (HPO2), 3-hidroxi-5-metil-4(1H) piridinona (HPO3), 3-

hidroxi-1,6-dimetil-4(1H) piridinona (HPO4), 3-hidroxi-6-metil-4(1H) piridinona (HPO5), 3-

hidroxi-1,2,5-trimetil-4(1H) piridinona (HPO6), 3-hidroxi-2,5-dimetil-4(1H) piridinona

(HPO7) e 3-hidroxi-2-metil-4(1H) piridinona (HPO8) (Figura 1). Os HPOs podem ser

protonados ou desprotonados nas posições do grupo ceto ou hidroxilo, de modo que quando

estes compostos são desprotonados na posição do grupo hidroxilo, são capazes de formar os

iões metálicos complexos de um modo bidentado, utilizando dois átomos de oxigénio [25,26].

A posição dos substituintes no anel aromático afecta as constantes de afinidade de ligação

progressiva e cumulativa do metal [27].

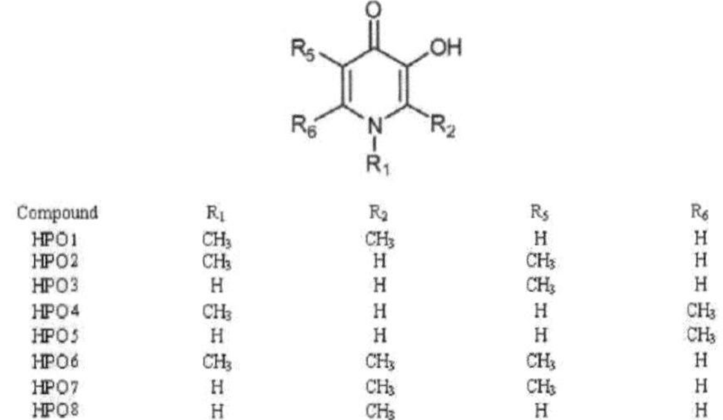

Compound	R_1	R_2	R_5	R_6
HPO1	CH_3	CH_3	H	H
HPO2	CH_3	H	CH_3	H
HPO3	H	H	CH_3	H
HPO4	CH_3	H	H	CH_3
HPO5	H	H	H	CH_3
HPO6	CH_3	CH_3	CH_3	H
HPO7	H	CH_3	CH_3	H
HPO8	H	CH_3	H	H

Fig. 1. Estrutura química, numeração dos átomos e posição dos substituintes alquílicos nos HPOs.

O membro mais famoso deste grupo é a deferiprona, HPO1, que é amplamente utilizada para remover o ferro agregado dos tecidos, como o coração e as mitocôndrias [28-30]. No entanto, a deferiprona tem alguns efeitos secundários, como o metabolismo rápido e a agranulocitose reversível [31]. Estas importantes desvantagens levaram ao desenvolvimento de análogos da deferiprona [32,33]. Por conseguinte, têm sido envidados muitos esforços para conceber os HPO através da previsão da sua afinidade para o Fe^{3+}.

Por exemplo, Hider e colaboradores introduziram um átomo de azoto adicional no anel piridínico da deferiprona para formar uma piridazina [34]. Concluíram que este grupo de agentes quelantes não pode ser um quelante mais ideal do que a deferiprona, porque as constantes de afinidade do ferro correspondentes são reduzidas. Além disso, a introdução de flúor nos HPOs reduz os valores de pFe^{3+} (-log $[Fe^{3+}]$) [35].

A fim de conceber os agentes quelantes e melhorar as aplicações farmacêuticas, foram desenvolvidos novos métodos baseados em cálculos de mecânica quântica (QM) para prever as constantes de afinidade do ferro para os agentes quelantes [36-40]. Estes métodos proporcionam uma forma mais geral de prever estas constantes do que os métodos de dinâmica molecular (MD) [41]. Os métodos QM incluem o cálculo das energias livres de ligação destes complexos na solução, o que permite comparar a afinidade e a seletividade destes compostos em relação ao Fe^{3+}.

Em 2016, Hider e colaboradores sintetizaram vários HPOs, que foram utilizados como agentes quelantes terapêuticos [27]. Além disso, poucas investigações teóricas foram realizadas para avaliar as constantes de ligação desses compostos para Fe^{3+}. Por exemplo, Hider e colaboradores calcularam os valores de pK_a dos HPOs utilizando métodos teóricos

[42]. De acordo com os seus resultados, a metodologia do seu estudo foi útil para prever valores absolutos de pKa. No caso dos métodos espectroscópicos, os cálculos QM podem ser úteis para interpretar os espectros com uma boa precisão. Sebestic e colaboradores relataram a análise dos espectros UV-Vis e Raman do complexo [Fe-deferiprona] utilizando os métodos teóricos [43]. Os seus resultados mostraram que o complexo férrico da deferiprona é um bom modelo para estudos espectroscópicos de outros HPO.

Neste estudo, utilizámos os métodos DFT para a previsão das constantes de afinidade do ferro dos HPOs e desenvolvemos abordagens fiáveis para a avaliação destas constantes. Além disso, investigámos os espectros de IV dos complexos $[Fe\text{-}HPO]^{2+}$. Além disso, é discutido o efeito do nível computacional nos valores de energia livre de ligação e na avaliação das afinidades de ligação. A importância deste trabalho é melhorar o poder seletivo dos análogos da deferiprona estudados para a eliminação do Fe^{3+}.

CAPÍTULO 2

2. Pormenores computacionais

Todos os cálculos foram efectuados utilizando o pacote Gaussian 09 [44]. Foram considerados os estados de baixo spin (LS, $S = 1/2$) e alto spin (HS, $S = 5/2$) para cada complexo de spin-crossover $[Fe-HPO]^{2+}$. As estruturas dos HPOs desprotonados e dos complexos de ferro correspondentes foram optimizadas utilizando os funcionais híbridos M06-2X [45] e ωB97XD [46] no conjunto de bases 6-311++G(d,p) [47].

A fim de verificar se as estruturas optimizadas se encontram nos mínimos locais das superfícies de energia potencial, foram efectuados cálculos de frequência vibracional. O modelo contínuo polarizável do tipo condutor (CPCM) foi aplicado para calcular os efeitos do solvente [48-50]. As estruturas optimizadas foram utilizadas para avaliar os valores de energia de interação dos HPOs com o ião metálico Fe^{3+}. As energias de interação Fe-HPO destes complexos foram calculadas de acordo com a Eq.1.

$$\Delta E_{int} = E_{complex} - E_{Fe} - E_{HPO} \qquad (1)$$

Onde $E_{complex}$ é a energia total dos complexos $[Fe-HPO]^{2+}$ e E_{Fe} e E_{HPO} são a energia total dos complexos Fe^{3+} e HPOs isolados, respetivamente.

A fim de estimar a deslocalização de electrões π (aromaticidade) nos anéis hetrocíclicos dos complexos $[Fe-HPO]^{2+}$, foram calculados os valores do modelo de aromaticidade do oscilador harmónico (HOMA) [51]. A análise da orbital de ligação natural (NBO) [52] e a análise de decomposição de carga (CDA) [53] foram realizadas para caraterizar a distribuição da carga eletrónica e a quantidade de doação e retrodoação de electrões entre HPOs e Fe^{3+}. Foram efectuadas análises HOMO-LUMO para avaliar os índices de reatividade DFT [54]. Com base nesta análise, foram calculados a dureza química eletrónica, η, o potencial químico eletrónico, μ e o índice de electrofilicidade, ω. Para descrever melhor a natureza da ligação entre os HPOs e o Fe^{3+}, foram realizadas análises de função de localização de electrões (ELF) [55], localized orbital locator (LOL) [56] e QTAIM [57]. Os valores HOMA, as análises CDA, ELF, LOL e QTAIM foram efectuados utilizando o software MultiWFN 3.1 [58].

CAPÍTULO 3

3. Resultados e discussão

3.1. Análises estruturais e energéticas

Os HPOs substituídos actuam como ligandos no processo de complexação. As estruturas optimizadas e os principais parâmetros geométricos dos complexos nos seus estados electrónicos fundamentais estão representados na Fig. 2 e na Tabela 1, respetivamente. As análises geométricas de Fe^{3+} e HPOs indicam que os comprimentos médios calculados das ligações Fe-O (d_{FeO}) pelo funcional $\omega B97XD$ para $[Fe\text{-}HPO1]^{2+}$, $[Fe\text{-}HPO6]^{2+}$, $[Fe\text{-}HPO2]^{2+}$, $[Fe\text{-}HPO3]^{2+}$, $[Fe\text{-}HPO4]^{2+}$, $[Fe\text{-}HPO5]^{2+}$, $[Fe\text{-}HPO7]^{2+}$ e $[Fe\text{-}HPO8]^{2+}$ são 2.06, 2.07, 2.06, 2.08, 2.07, 2.05, 2.06 e 2.06 A, respetivamente.

O comprimento de ligação mais pequeno revela que o Fe^{3+} interage melhor com o HPO6 do que com os outros HPOs. Além disso, uma mudança nos estados de spin do Fe^{3+}, do LS para o HS, aumenta os comprimentos de ligação Fe-O em todos os complexos $[Fe\text{-}HPO]^{2+}$, enquanto os ângulos O-Fe-O são semelhantes nos estados LS e HS. Um incremento nos comprimentos de ligação Fe-O é devido à ocupação da $d_{v}\,\Xi\sim_{v}\,\Xi$ orbital anti-ligante no estado HS [59-61].

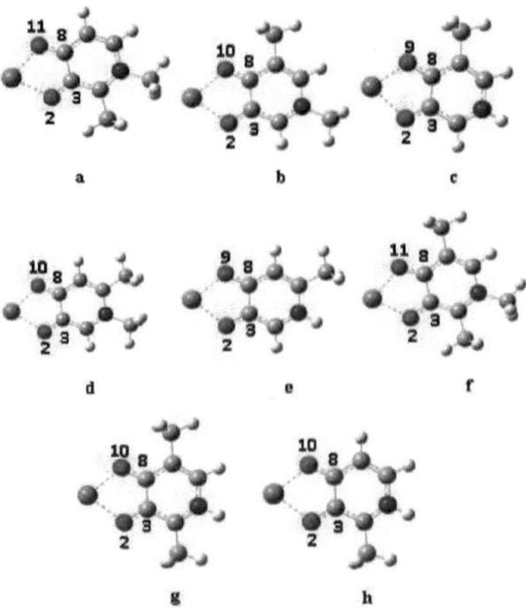

Fig. 2. Estruturas optimizadas e numeração dos átomos dos complexos a) [Fe-HPO1]$^{2+}$, b) [Fe-HPO2]$^{2+}$ c) [Fe-HPO3]$^{2+}$, d) [Fe- HPO4]$^{2+}$, e) [Fe-HPO5]$^{2+}$, f) [Fe-HPO6]$^{2+}$, g) [Fe-HPO7]$^{2+}$ e h) [Fe-HPO8]$^{2+}$.

Quadro 1

Average Fe$-$O distances (in Å) and O$-$Fe$-$O angles (in degree) of the [Fe$-$HPO]$^{2+}$ complexes

[Fe $-$HPO]$^{2+}$	d_{Fe-O}				θ_{O-Fe-O}			
	M06-2X		ωB97XD		M062-X		ωB97XD	
	HS	LS	HS	LS	HS	LS	HS	LS
[Fe-HPO1]$^{2+}$	2.10	2.03	2.06	1.97	78.43	78.43	79.10	79.10
[Fe-HPO2]$^{2+}$	2.10	2.04	2.07	1.98	78.10	78.10	78.21	78.21
[Fe-HPO3]$^{2+}$	2.10	2.04	2.06	1.94	78.12	78.12	79.19	79.19
[Fe-HPO4]$^{2+}$	2.11	2.05	2.08	1.95	78.79	78.79	78.89	78.89
[Fe-HPO5]$^{2+}$	2.10	2.01	2.07	1.94	77.82	77.82	78.88	78.88
[Fe-HPO6]$^{2+}$	2.09	2.00	2.05	1.94	78.63	78.63	79.16	79.16
[Fe-HPO7]$^{2+}$	2.10	2.03	2.06	2.01	78.34	78.34	78.50	78.50
[Fe-HPO8]$^{2+}$	2.10	2.01	2.06	1.95	78.56	78.56	78.95	78.95

As propriedades termodinâmicas da reação de complexação, utilizando os funcionais mencionados, foram calculadas e apresentadas na Tabela 2. Com base nos dados geométricos, a formação do complexo é um processo exotérmico (ΔH<0) e orientado pela entalpia (IΔHI>(ITΔS I) [62]. A energia de Gibbs está relacionada com a constante de ligação, Kbind, utilizando a Eq.2 [36].

$$K_{bind} = e^{-\Delta G/RT} \qquad (2)$$

As energias de ligação relacionadas com as várias posições dos grupos metilo (R1, R2, R5 e R6) no anel aromático são diferentes. De acordo com a Tabela 2, no caso do $[Fe - HPO6]^{2+}$, o ΔG é inferior ao dos outros complexos, o que indica que a inserção de três grupos metilo doadores de electrões nas posições R1, R2 e R5 torna o complexo $[Fe\text{-}HPO]^{2+}$ mais estável. Este efeito é mais notável quando o grupo metilo se encontra nas posições R2 e R5, devido à maior proximidade do grupo metilo com os grupos ceto e hidroxi, induzindo consequentemente uma carga mais negativa nos seus átomos de oxigénio. Esta proximidade aumenta a densidade eletrónica dos grupos ceto e hidroxi e, consequentemente, aumenta a estabilidade e as constantes de afinidade com o ferro.

Entre os diferentes HPOs, o HPO6 apresenta a maior constante de afinidade do ferro, confirmando que os HPOs com três grupos metilo são o melhor agente quelante para a terapia de quelação do ferro. A comparação entre as constantes de afinidade do ferro calculadas e experimentais dos diferentes HPOs está representada na Fig. S1 e na Fig. 3.

De acordo com a Fig. S1, as constantes de ligação calculadas, utilizando o funcional ωB97XD, são inferiores às do M06-2X, que estão em melhor concordância com os dados experimentais [27]. Além disso, as energias do estado de spin e as constantes de ligação dos complexos foram calculadas nos estados LS. As constantes de ligação dos complexos aumentam na ordem de: HS>LS. Devido a um aumento na quantidade de energia de troca exacta, o estado HS com um maior número de electrões desemparelhados é estabilizado em relação ao estado LS [63].

As energias de interação calculadas do Fe^{3+} com diferentes HPOs estão representadas na Tabela 3. Os valores da energia de interação do $[Fe-HPO6]^{2+}$ são maiores do que os de outros complexos, mostrando uma maior afinidade do Fe^{3+} para formar um complexo com HPO6.

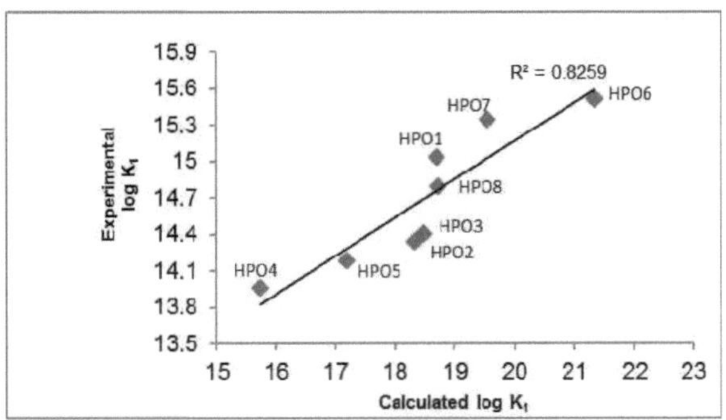

Fig. 3. Valores experimentais do log K₁ versus o log K previsto₁ pelo funcional ωB97XD para os complexos $[Fe-HPO]_2^+$ em água

Quadro 2

Calculated thermodynamic properties and iron affinity constants of the complexation reactions calculated at the M06-2X and ωB97XD levels of theory.

Complexes	$-\Delta H$ (kcal.mol^{-1})				$-\Delta G$ (kcal.mol^{-1})				$-\Delta S$ (cal.mol^{-1}.K^{-1})				Calculated log K₁				Experimental log K₁
	M06-2X		ωB97XD		M06-2X		ωB97XD		M06-2X		ωB97XD		M06-2X		ωB97XD		-
	HS	LS	HS	LS	HS	LS	HS	LS	HS	LS	HS	LS	HS	LS	HS	LS	
$[Fe-HPO1]^{2+}$	32.63	29.12	27.79	24.09	28.73	25.28	26.54	23.17	13.08	12.87	3.15	3.08	21.06	18.53	18.70	16.98	15.03
$[Fe-HPO2]^{2+}$	30.30	29.06	26.92	25.36	27.62	26.52	25.03	24.20	8.98	8.51	6.33	3.89	20.24	19.44	18.34	17.73	14.34
$[Fe-HPO3]^{2+}$	30.93	29.42	26.79	25.02	27.63	26.69	25.22	23.91	11.06	9.15	5.26	3.92	20.25	19.56	18.48	17.52	14.41
$[Fe-HPO4]^{2+}$	30.81	28.55	27.67	24.10	26.29	25.75	21.46	19.72	11.10	9.39	20.82	14.69	19.27	18.87	15.73	14.45	13.96
$[Fe-HPO5]^{2+}$	30.92	28.09	25.72	24.38	26.98	25.12	23.46	22.86	13.21	9.96	7.58	5.03	19.77	18.41	17.19	16.75	14.18
$[Fe-HPO6]^{2+}$	32.70	30.44	30.05	28.69	30.93	29.41	29.11	27.80	5.93	3.45	3.15	2.98	22.67	21.55	21.33	20.37	15.51
$[Fe-HPO7]^{2+}$	32.69	30.31	28.61	25.90	29.15	28.02	26.66	24.41	11.87	7.68	6.54	4.99	21.36	20.54	19.54	17.89	15.35
$[Fe-HPO8]^{2+}$	31.68	30.75	25.97	26.20	28.61	27.77	25.53	24.88	10.29	9.99	1.47	4.42	20.97	20.35	18.71	18.23	14.79

Quadro 3

Valores calculados da energia de ligação (kcal.mol^{-1}) dos complexos $[Fe-HPO]^{2+}$ para o estado HS calculados aos níveis teóricos M06-2X e ωB97XD.

Complexes	M06-2X	ωB97XD
$[Fe-HPO1]^{2+}$	-63.44	-37.96
$[Fe-HPO2]^{2+}$	-59.86	-36.32
$[Fe-HPO3]^{2+}$	-61.18	-31.68
$[Fe-HPO4]^{2+}$	-56.47	-37.96
$[Fe-HPO5]^{2+}$	-58.29	-34.76
$[Fe-HPO6]^{2+}$	-66.01	-40.09
$[Fe-HPO7]^{2+}$	-65.44	-38.78
$[Fe-HPO8]^{2+}$	-62.87	-36.45

3.2. Análise espetral

Com base na literatura, para avaliar a força da ligação metal-oxigénio nos complexos, a análise das frequências vibracionais é simples [64]. As frequências vibracionais do estiramento da ligação C=O nos quelantes estudados e nos seus complexos em água estão listadas na Tabela 4. As frequências vibracionais dos ligandos e dos complexos correspondentes são quase iguais. A maior intensidade de estiramento da ligação C=O está relacionada com o complexo $[Fe-HPO4]_2^{+}$ (1592,04 cm^{-1}). É possível uma correlação linear entre a constante de afinidade do ferro e a frequência vibracional das ligações C=O. A Fig. 4 mostra que um aumento da frequência vibracional das ligações C=O diminui a constante de afinidade do ferro do complexo

HPOs [65].

Quadro 4

Frequência de estiramento de carbonilo calculada dos HPOs antes e depois da complexação com o Fe^{3+} aos níveis de teoria M06-2X e ωB97XD.

HPOs	M06-2X	ωB97XD	Complex	M06-2X	ωB97XD
HPO1	1596.21	1558.67	$[Fe-HPO1]^{2+}$	1595.36	1556.42
HPO2	1602.49	1578.35	$[Fe-HPO2]^{2+}$	1600.49	1579.65
HPO3	1601.02	1569.90	$[Fe-HPO3]^{2+}$	1600.40	1568.81
HPO4	1609.06	1593.94	$[Fe-HPO4]^{2+}$	1607.79	1592.17
HPO5	1607.38	1585.21	$[Fe-HPO5]^{2+}$	1605.38	1583.85
HPO6	1576.00	1558.86	$[Fe-HPO6]^{2+}$	1587.34	1552.61
HPO7	1592.47	1557.47	$[Fe-HPO7]^{2+}$	1591.32	1555.57
HPO8	1600.48	1559.75	$[Fe-HPO8]^{2+}$	1599.88	1558.17

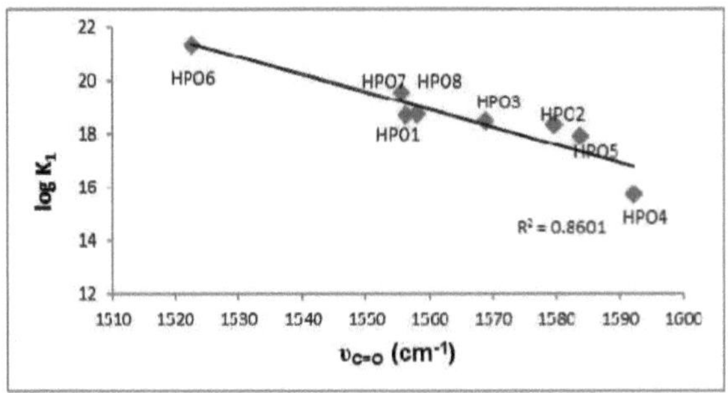

Fig. 4. Correlação linear entre a constante de afinidade do ferro e a frequência vibracional da carbonila dos HPOs no nível ωB97XD da teoria.

3.3. Índices HOMA

Um dos índices de aromaticidade mais importantes é o HOMA, que pode ser definido utilizando a Eq.3 [66].

$$HOMA = 1 - \frac{1}{n} \sum_{j=1}^{n} \alpha_i \, (R_{opt} - R_j)^2 \qquad (3)$$

onde n indica o número de ligações consideradas, α_i é a constante de normalização para

dão HOMA = 0 e 1 para sistemas não aromáticos e aromáticos, respetivamente. R_{opt} e R_i são o comprimento ótimo da ligação e o comprimento da ligação na molécula real, respetivamente. Os índices HOMA foram calculados e apresentados na Tabela 5. Os dados obtidos mostram que o complexo [Fe-HPO6]²⁺ tem o maior índice HOMA (0,6412) em comparação com os outros. Isto mostra que a inserção de grupos de dotação de electrõesg no anel aromático dos HPOs aumenta a aromaticidade. Além disso, existe uma correlação linear entre as constantes de afinidade (log K₁) e os índices HOMA (Fig. 5) [67].

Índices HOMA calculados para $[Fe\text{-}HPO]^{2+}$ ao nível da teoria $\omega B97XD$.

Complex	HOMA
$[Fe\text{-}HPO1]^{2+}$	0.6072
$[Fe\text{-}HPO2]^{2+}$	0.5856
$[Fe\text{-}HPO3]^{2+}$	0.5907
$[Fe\text{-}HPO4]^{2+}$	0.5654
$[Fe\text{-}HPO5]^{2+}$	0.5759
$[Fe\text{-}HPO6]^{2+}$	0.6412
$[Fe\text{-}HPO7]^{2+}$	0.6135
$[Fe\text{-}HPO8]^{2+}$	0.5987

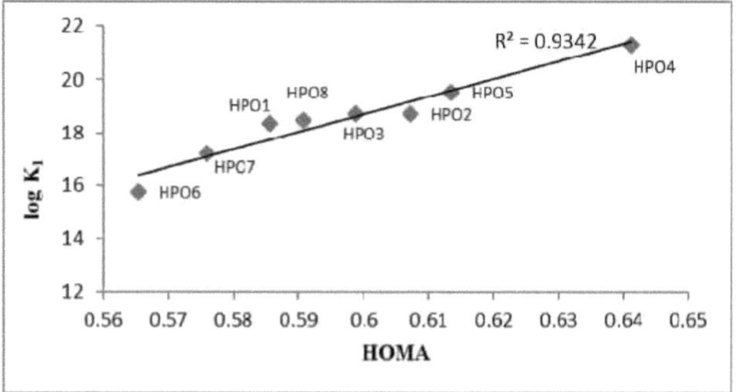

Fig. 5. Correlação linear da constante de afinidade do ferro e do índice HOMA dos HPOs no nível $\omega B97XD$ da teoria.

3.4. Análises NBO e CDA

A fim de investigar as interações do Fe^{3+} com os HPO, as cargas parciais nos átomos de oxigénio e Fe^{3+} nos complexos estudados foram comparadas com as cargas correspondentes nos HPO livres. A Tabela 6 mostra a distribuição natural das cargas no átomo de oxigénio e no Fe^{3+}. Com base nos dados obtidos, a alteração da carga natural no átomo O1 é superior à do O_{10}, mostrando que o O1 tem uma maior transferência de carga para o Fe^{3+} do que o O_{10} no caso de todos os HPOs. Além disso, observa-se uma maior transferência de carga na formação do complexo $[Fe\text{-}HPO6]^{2+}$ do que noutros complexos entre o átomo de O_1 e o átomo de Fe, de acordo com as interações mais possíveis.

Na análise NBO, a energia de estabilização, E(2), é definida como a força de interação das espécies dador-acetor. Uma maior interação entre o dador e o aceitador indica valores correspondentes de E(2) mais elevados e uma transferência de carga natural mais eficiente. De acordo com a Tabela 7, o principal efeito de estabilização é devido à interação dos pares solitários de oxigénio (LP_o) dos HPOs com a orbital anti-ligação do ião metálico Fe^{3+} ($LP*_{Fe}$). Com base nos valores de $\Sigma E(2)$, a maior energia de interação está relacionada com $LP_o \rightarrow LP*_{Fe}$ para o complexo $[Fe\text{-}HPO6]^{2+}$ (26,92 kcal.mol^{-1}), confirmando que o HPO6 é o melhor recetor para o Fe^{3+} em água.

Quadro 6

Cargas atómicas naturais nos átomos de oxigénio antes e depois da formação de complexos com Fe^{3+} ao nível ωB97XD da teoria

HPO	Atom	q_i	Complex	Atom	q_i
HPO1	O_1	-0.79	$[Fe\text{-}HPO1]^{2+}$	Fe	1.64
	O10	-0.70		O_2	-0.66
				O11	-0.70
HPO2	O_1	-0.77	$[Fe\text{-}HPO2]^{2+}$	Fe	1.65
	O9	-0.70		O_2	-0.65
				O10	-0.69
HPO3	O_1	-0.78	$[Fe\text{-}HPO3]^{2+}$	Fe	1.65
	O8	-0.70		O_2	-0.67
				O9	-0.70
HPO4	O_1	-0.78	$[Fe\text{-}HPO4]^{2+}$	Fe	1.64
	O9	-0.70		O_2	-0.64
				O10	-0.70
HPO5	O_1	-0.78	$[Fe\text{-}HPO5]^{2+}$	Fe	1.65
	O8	-0.69		O_2	-0.62
				O9	-0.70
HPO6	O_1	-0.79	$[Fe\text{-}HPO6]^{2+}$	Fe	1.64
	O10	-0.70		O_2	-0.62
				O10	-0.70
HPO7	O_1	-0.79	$[Fe\text{-}HPO7]^{2+}$	Fe	1.65
	O9	-0.71		O_2	-0.65
				O10	-0.70
HPO8	O_1	-0.78	$[Fe\text{-}HPO8]^{2+}$	Fe	1.65
	O9	-0.70		O_2	-0.65
				O10	-0.69

Quadro 7

Energias de perturbação de segunda ordem calculadas para as interações dador-acetor (kcal.mol^{-1}) ao nível da teoria ωB97XD

complex	Donor-acceptor	E(2)	Σ E(2)
$[Fe\text{-}HPO1]^{2+}$	$LP_{O2} \rightarrow LP^{*}_{Fe}$	12.20	26.77
	$LP_{O11} \rightarrow LP^{*}_{Fe}$	14.57	
$[Fe\text{-}HPO2]^{2+}$	$LP_{O2} \rightarrow LP^{*}_{Fe}$	12.91	26.35
	$LP_{O10} \rightarrow LP^{*}_{Fe}$	13.44	
$[Fe\text{-}HPO3]^{2+}$	$LP_{O2} \rightarrow LP^{*}_{Fe}$	11.86	26.64
	$LP_{O9} \rightarrow LP^{*}_{Fe}$	14.78	
$[Fe\text{-}HPO4]^{2+}$	$LP_{O2} \rightarrow LP^{*}_{Fe}$	11.97	26.25
	$LP_{O11} \rightarrow LP^{*}_{Fe}$	14.28	
$[Fe\text{-}HPO5]^{2+}$	$LP_{O2} \rightarrow LP^{*}_{Fe}$	11.41	26.40
	$LP_{O9} \rightarrow LP^{*}_{Fe}$	14.99	
$[Fe\text{-}HPO6]^{2+}$	$LP_{O2} \rightarrow LP^{*}_{Fe}$	12.66	26.92
	$LP_{O11} \rightarrow LP^{*}_{Fe}$	14.26	
$[Fe\text{-}HPO7]^{2+}$	$LP_{O2} \rightarrow LP^{*}_{Fe}$	11.82	26.80
	$LP_{O10} \rightarrow LP^{*}_{Fe}$	14.98	
$[Fe\text{-}HPO8]^{2+}$	$LP_{O2} \rightarrow LP^{*}_{Fe}$	12.21	26.72
	$LP_{O10} \rightarrow LP^{*}_{Fe}$	14.51	

A análise CDA, introduzida por Dapprich e Frenking [68], é aplicada para fornecer uma compreensão profunda da transferência de carga entre o metal e o ligando num complexo para atingir um equilíbrio de carga. Os resultados da CDA para os complexos $[Fe\text{-}HPO]^{2+}$ são apresentados na Tabela S1. Para todos os sistemas, os valores de doação de metal $HPO \rightarrow Fe^{3+}$ são muito maiores do que $Fe^{3+} \rightarrow_{HPO}$ back-donation. Com base nos valores de doação de electrões, o HPO 6 é o melhor ligando doador de electrões (d= 0,252 a.u), o que está de acordo com a análise NBO. Todos os valores de polarização repulsiva do $HPO\theta Fe^{3\,\prime}$ são negativos e próximos de zero, o que resulta das interações entre as orbitais preenchidas dos ligandos e as orbitais parcialmente preenchidas do Fe^{3+}.

3.5. Análises das orbitais moleculares e da densidade de spin

A análise da orbital molecular mais ocupada (HOMO) e da orbital molecular menos ocupada (LUMO) é importante para determinar a reatividade química e a estabilidade cinética de uma molécula. Uma molécula com uma grande lacuna na orbital molecular tem uma elevada estabilidade cinética e uma baixa reatividade química [69]. A fim de comparar a estabilidade dos complexos $[Fe-HPO]^{2+}$ estudados do ponto de vista molecular, foram calculados índices de reatividade, representados na Tabela 8.

Com base num aumento da dureza química eletrónica e do intervalo HOMO-LUMO após a formação do complexo, é previsível uma maior estabilidade de todos os complexos do que do quelante livre. A comparação entre todos os descritores de química quântica, especialmente o valor de electrofilicidade, mostra que o HPO6 é um agente quelante mais favorável do que outros HPOs e uma alteração na dureza química eletrónica e no potencial químico eletrónico confirma que $[Fe-HPO6]^{2+}$ é o complexo mais provável do ponto de vista da estabilidade.

Os índices de electrofilicidade, que mostram a redução do nível de energia devido ao fluxo de electrões do dador para o aceitador, foram calculados utilizando os conceitos de potencial químico eletrónico e de dureza química eletrónica [70].

De acordo com estes valores, os HPO substituídos por um certo número de grupos electrondonantes têm uma electrofilicidade mais baixa, o que confirma que existem agentes quelantes mais adequados para o Fe^{3+}. Uma representação pictórica das distribuições HOMO e LUMO no Fe^{3+} e nos HPO (Fig. S2) confirma que os grupos C=O dos HPO e do Fe^{3+} estão relacionados com o HOMO e o LUMO, respetivamente. Esta distribuição da densidade eletrónica dos átomos está de acordo com a rota de transferência de carga.

Para investigar a distribuição da densidade de spin dos electrões d não emparelhados do complexo de Fe(III) de spin elevado estudado nos outros átomos, os valores da densidade de spin dos vários átomos foram calculados e apresentados na Tabela S2 e na Fig. 6, respetivamente. De acordo com os valores da densidade de spin, existe uma distribuição positiva da densidade de spin, que está relacionada com o mecanismo de deslocalização de spin [71,72].

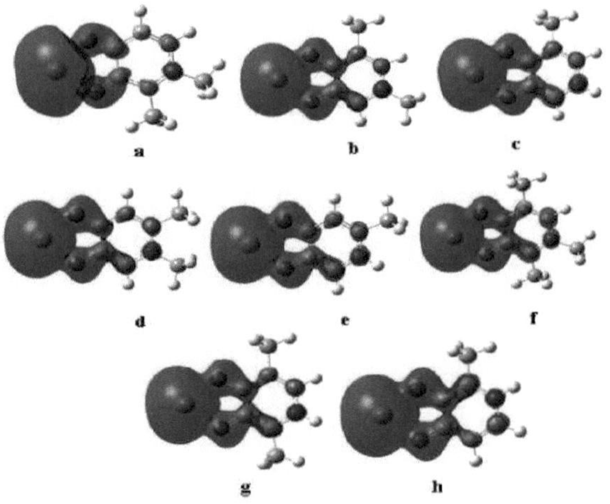

Fig. 6. Gráficos de densidade de spin para o estado HS dos complexos a) [Fe-HPO1]$^{2+}$, b) [Fe-HPO2]$^{2+}$ c) [Fe-HPO3]$^{2+}$, d) [Fe-HPO4]$^{2+}$, e) [Fe- HPO5]$^{2+}$, f) [Fe-HPO6]$^{2+}$, g) [Fe-HPO7]$^{2+}$ e h) [Fe-HPO8]$^{2+}$.

Table 8
HOMO and LUMO analysis of the HPOs before and after complexation with Fe^{3+} at the ωB97XD level of theory (in a.u).

Compound	E_{HOMO}	E_{LUMO}	E_g	η	$-\mu$	ω	Compound	E_{HOMO}	E_{LUMO}	E_g	η	$-\mu$	ω
HPO1	-0.23072	0.04415	0.274	0.137	0.0932	0.0317	[Fe-HPO1]$^{2+}$	-0.35574	-0.01536	0.340	0.170	0.185	0.100
HPO2	-0.23342	0.04503	0.278	0.139	0.0941	0.0318	[Fe-HPO2]$^{2+}$	-0.35628	-0.01917	0.337	0.168	0.188	0.104
HPO3	-0.23602	0.04582	0.281	0.140	0.0951	0.0321	[Fe-HPO3]$^{2+}$	-0.36287	-0.02099	0.335	0.167	0.191	0.108
HPO4	-0.23360	0.04408	0.277	0.138	0.0947	0.0323	[Fe-HPO4]$^{2+}$	-0.35673	-0.01850	0.338	0.169	0.188	0.104
HPO5	-0.23603	0.04425	0.280	0.140	0.0958	0.0327	[Fe-HPO5]$^{2+}$	-0.36380	-0.02127	0.342	0.171	0.192	0.107
HPO6	-0.22820	0.04355	0.271	0.135	0.0923	0.0314	[Fe-HPO6]$^{2+}$	-0.35813	-0.01267	0.345	0.172	0.185	0.0992
HPO7	-0.23112	0.04449	0.275	0.137	0.0933	0.0316	[Fe-HPO7]$^{2+}$	-0.35942	-0.01545	0.343	0.171	0.187	0.101
HPO8	-0.23345	0.04450	0.277	0.138	0.0944	0.0321	[Fe-HPO8]$^{2+}$	-0.36209	-0.01834	0.343	0.171	0.190	0.105

3.6. Mapas de potencial eletrostático

Os mapas de potencial eletrostático (ESP) são muito úteis para a caraterização e previsão dos locais reactivos de uma molécula em sistemas biológicos [73]. Os mapas ESP dos complexos $[Fe-HPO]^{2+}$ são visualizados na Fig. 7. Diferentes valores de ESP na superfície são representados por diferentes cores, de acordo com: vermelho < laranja < amarelo < verde < azul. As regiões azuis mostram deficiência de electrões (reatividade nucleofílica), enquanto as regiões vermelhas mostram abundância relativa de electrões (reatividade electrofílica). Com base na Fig. 7, os átomos de oxigénio são os centros nucleófilos reactivos para a coordenação com Fe^{3+} .

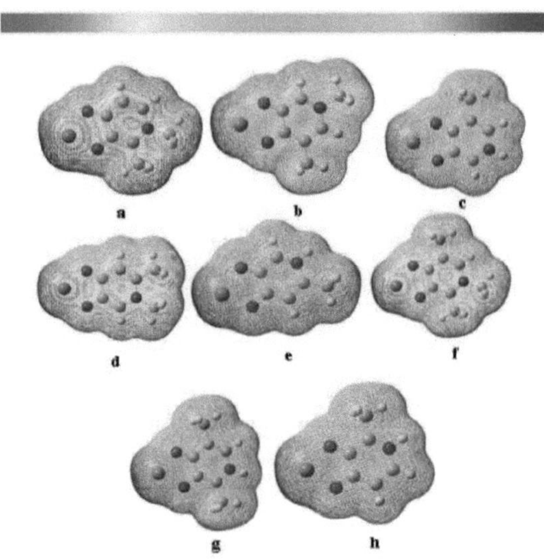

Fig. 7. Mapas de potencial eletrostático para os complexos a) $[Fe-HPO1]^{2+}$, b) $[Fe-HPO2]^{2+}$ c) $[Fe-HPO3]^{2+}$, d) $[Fe-HPO4]^{2+}$, e) $[Fe-HPO5]^{2+}$, f) $[Fe-HPO6]^{2+}$, g) $[Fe-HPO7]^{2+}$ e h) $[Fe-HPO8]^{2+}$.

3.7. Análise QTAIM

Para caraterizar a natureza da ligação química nos complexos $[Fe-HPO]^{2+}$, a análise

QTAIM foi realizada para as ligações Fe-O e os resultados foram relatados na Tabela 11 e os gráficos moleculares correspondentes são mostrados na Figura S3. O valor calculado de $\sum Pp_e$ -θ do complexo [Fe -HPO6]$^{2+}$ é maior do que os outros complexos, mostrando sua maior estabilidade. De acordo com a Tabela 9, os valores do Laplaciano da densidade eletrônica, $V^2 p(r)$ nos pontos críticos de ligação, BCPs, são positivos, confirmando que a carga eletrônica está esgotada na região interatômica, o que é uma caraterística das interações de casca fechada. Além disso, os valores da densidade de energia eletrónica, H(r), nos BCPs são negativos, mostrando interações intermédias [74,75]. A razão entre a densidade de energia cinética, G(r), e a densidade de energia potencial, V(r), para as ligações Fe-O no BCP é quase unitária, o que confirma a natureza eletrostática destas ligações.

A maior elipticidade da ligação (ε), que é uma medida da anisotropia do p(r) nos BCPs [76], está de acordo com o maior índice de deslocalização (DI). O índice de deslocalização é definido como uma medida da partilha de pares de electrões entre dois átomos, que é obtida pela densidade de correlação de troca [77]. A elipticidade e o índice de deslocalização das ligações Fe-O revelam que as ligações Fe-O$_2$ têm maior elipticidade e índice de deslocalização do que Fe-O$_9$, Fe-O$_{10}$ e Fe-O$_{11}$ em todos os complexos [Fe-HPO]$^{2+}$. A soma das densidades electrónicas das ligações Fe-O em função da soma dos valores de energia de interação correspondentes é apresentada na Fig. 8. De acordo com esta figura, a densidade eletrónica das ligações Fe-O aumenta com o aumento dos valores da energia de interação. Além disso, existe uma correlação inversa entre a frequência vibracional das ligações C=O e a soma das densidades electrónicas das ligações Fe-O (Fig. 9).

Quadro 9

Propriedades topológicas calculadas das ligações entre o Fe^{3+} e os átomos de oxigénio dos HPOs (em a.u)

Complex	Bond		$\rho(r)$	$\nabla^2\rho(r)$	$H(r)$	$-G(r)/V(r)$	ε	DI
$[Fe\text{-}HPO1]^{2+}$	$Fe-O_2$		0.729	0.375	-0.299	0.969	0.546	0.207
	$Fe-O_{11}$		0.741	0.326	-0.451	0.949	0.0781	0.195
		$\sum\rho(r)$	1.470					
$[Fe\text{-}HPO2]^{2+}$	$Fe-O_2$		0.659	0.341	-0.252	0.972	0.495	0.205
	$Fe-O_{10}$		0.684	0.294	-0.308	0.962	0.133	0.198
		$\sum\rho(r)$	1.307					
$[Fe\text{-}HPO3]^{2+}$	$Fe-O_2$		0.669	0.332	-0.892	0.977	0.553	0.206
	$Fe-O_9$		0.758	0.354	-0.528	0.946	0.0783	0.195
		$\sum\rho(r)$	1.427					
$[Fe\text{-}HPO4]^{2+}$	$Fe-O_2$		0.660	0.325	-0.185	0.977	0.560	0.208
	$Fe-O_{10}$		0.667	0.313	-0.424	0.951	0.0468	0.195
		$\sum\rho(r)$	1.327					
$[Fe\text{-}HPO5]^{2+}$	$Fe-O_2$		0.680	0.324	-0.447	0.951	0.562	0.207
	$Fe-O_9$		0.645	0.315	-0.151	0.981	0.0609	0.194
		$\sum\rho(r)$	1.325					
$[Fe\text{-}HPO6]^{2+}$	$Fe-O_2$		0.742	0.380	-0.339	0.914	0.532	0.207
	$Fe-O_{11}$		0.733	0.314	-0.420	0.951	0.0678	0.196
		$\sum\rho(r)$	1.475					
$[Fe\text{-}HPO7]^{2+}$	$Fe-O_2$		0.741	0.333	-0.198	0.977	0.555	0.207
	$Fe-O_{10}$		0.732	0.312	-0.417	0.971	0.0581	0.195
		$\sum\rho(r)$	1.473					
$[Fe\text{-}HPO8]^{2+}$	$Fe-O_2$		0.721	0.308	-0.387	0.954	0.548	0.207
	$Fe-O_{10}$		0.720	0.370	-0.273	0.971	0.0700	0.195
		$\sum\rho(r)$	1.441					

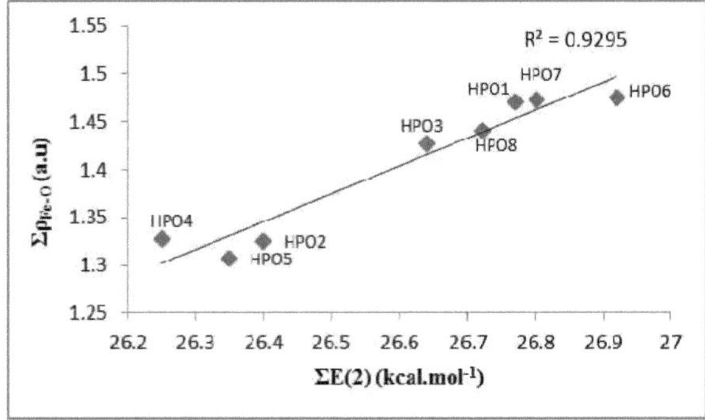

Fig. 8. Soma das densidades electrónicas das ligações Fe-O em função da soma das correspondentes energias de interação ao nível da teoria ωB97XD.

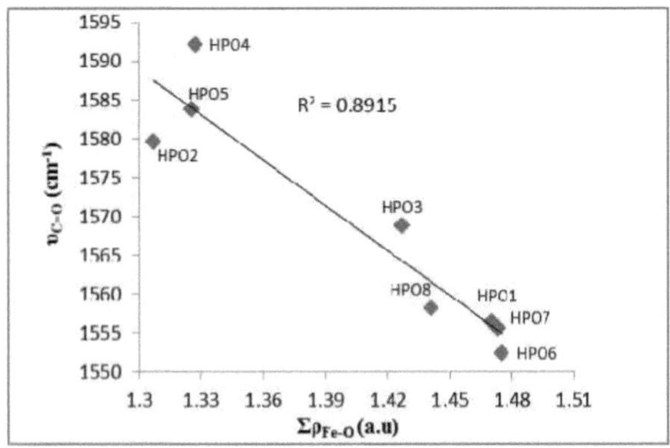

Fig. 9. Correlação linear entre a frequência vibracional do carbonilo e a soma das densidades electrónicas das ligações Fe-O ao nível da teoria ωB97XD.

3.8. Análises ELF e LOL

Para analisar a natureza das interações ferro-oxigénio do ponto de vista topológico, foram efectuados cálculos de ELF e LOL e os dados obtidos estão representados na Tabela S3 e na Fig. 10. Considerando os dados, uma natureza deslocalizada da densidade eletrónica confirma as interações não-covalentes dos complexos [Fe-HPO]$^{2+}$.

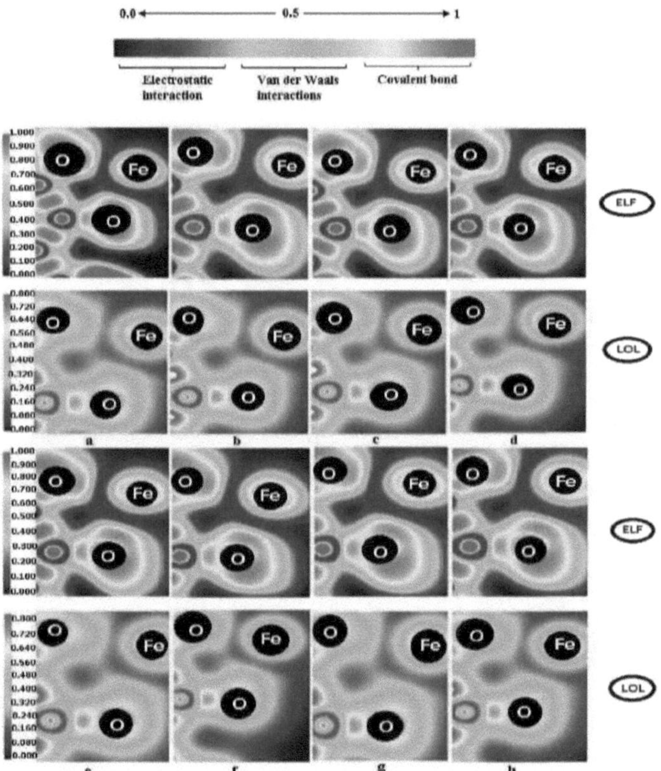

Fig. 10. Gráficos ELF e LOL dos complexos a) [Fe-HPO1]$^{2+}$, b) [Fe-HPO2]$^{2+}$ c) [Fe-HPO3]$^{2+}$, d) [Fe-HPO4]$^{2+}$, e) [Fe-HPO5]$^{2+}$, f) [Fe-HPO6]$^{2+}$, g) [Fe-HPO7]$^{2+}$ e h) [Fe-HPO8]$^{2+}$.

CAPÍTULO 4

4. Conclusão

Foi efectuado um estudo DFT para investigar a reatividade e a estabilidade dos complexos $[Fe-HPO]^{2+}$ formados através de interações não covalentes entre o Fe^{3+} e os átomos de oxigénio dos grupos C=O dos HPO, utilizando os funcionais M06-2X e ωB97XD. As constantes de afinidade do ferro (log K_1) dos diferentes HPOs mostram uma formação de complexos mais estável entre o Fe^{3+} e os HPOs, incluindo a substituição do grupo tri-metilo (log K_1 =21,33). Os dados obtidos utilizando o funcional ωB97XD indicam uma correlação mais razoável com os dados experimentais do que o M06-2X. Devido à existência de grupos doadores de electrões no anel aromático, há uma transferência significativa de carga dos átomos de oxigénio dos HPOs para o Fe^{3+} . De acordo com os dados teóricos, os derivados eletrão-donativos têm uma maior seletividade para o Fe^{3+} do que os outros HPO, o que demonstra que estes tipos de agentes quelantes são os candidatos mais eficazes para a terapia de quelação do ferro.

Agradecimentos

Agradece-se ao Conselho de Investigação da Universidade Ferdowsi de Mashhad pelo apoio financeiro [Subvenção n.º 3/38570].

Referências

[1]   R. Crichton, Iron metabolism: from molecular mechanisms to clinical consequences, John Wiley & Sons, 2016.

[2]   T. Zhou, Y. Ma, X. Kong, R.C. Hider, Dalton Trans. 41 (2012) 6371-6389.

[3]   R. Hider, Thalassemia Reports. 4 (2014) 19-27.

[4]   P.B. Tchounwou, C.G. Yedjou, A.K. Patlolla, D.J. Sutton, Heavy metal toxicity and the environment, molecular, clinical and environmental toxicology, Springer, 2012.

[5]   C. Thomas, M.M. Mackey, A.A. Diaz, D.P. Cox, Redox Rep. 14 (2009) 102108.

[6]   D.L. Gilbert e C.A. Colton, Reactive oxygen species in biological systems: an interdisciplinary approach, Kluwer Academic Publishers, 1999.

[7]   O. Weinreb, T. Amit, S. Mandel, L. Kupershmidt, M.B.H. Youdim, Antioxid. Redox Signal. 13 (2010) 919-949.

[8]   G.M. Brittenham, N. Engl. J. Med. 364 (2011) 146-156.

[9]   E. Poggiali, E. Cassinerio, L. Zanaboni, M.D. Cappellini, Blood Transfusion. 10 (2012) 411-422.

[10] R.R. Crichton, R.J. Ward, R.C. Hider, Metal Chelation in Medicine Royal Sociedade de Química, 2016.

[11] W. Hagar and E. Vichinsky, Br. J. Haematol. 141 (2008) 346-356.

[12] G. Crisponi, V.M. Nurchi, V. Bertolasi, M. Remelli, G. Faa, Coord. Chem. Rev. 256 (2012) 89-104.

[13] K.N. Raymond, C.J. Carrano, Acc. Chem. Res. 12 (1979) 183-190.

[14] G. Crisponi, M. Remelli, Coord. Chem. Rev. 252 (2008) 1225-1240.

[15] G. Crisponi, V.M. Nurchi, M. Crespo-Alonso, L. Toso, Curr. Med. Chem. 19 (2012) 2794-2815.

[16] G. Crisponi, V.M. Nurchi, M.A. Zoroddu, Thalassemia Reports. 4 (2014) 1318.

[17] T.B. Chaston e D.R. Richardson, Am. J. Hematol. 73 (2003) 200-210.

[18] H.C. Hatcher, R.N. Singh, F.M. Torti, S.V. Torti, Future Med. Chem. 1 (2009) 1643-1670.

[19] H. Keberle e Ann. N. Y. Acad. Sci. 119 (1964) 758-768.

[20] B.J. Hernlem, L.M. Vane, G.D. Sayles, Inorganica Chim. Ata. 244 (1996) 179-184.

[21] C. Hershko, A.M. Konijn, G. Link, Br. J. Haematol. 101 (1998) 399-406.

[22] M.A. Santos, S.M. Marques, S.Chaves, Coord. Chem. Rev. 256 (2012) 240259.

[23] M.A. Santos e S.Chaves, Future Medicinal Chemistry. 7 (2015) 383-410.

[24] M.A. Santos, Coord. Chem. Rev. 252 (2008) 1213-1224.

[25] R. Cusnir, C. Imberti, R.C. Hider, P.J. Blower, M.T. Ma, Int. J. Mol. Sci. 18 (2017) 1-23.

[26] Y.L. Chen, D.J. Barlow, X.L. Kong, Y.M. Ma, R.C. Hider, Dalton Trans. 41 (2012) 10784-10791.

[27] Y.Y. Xie, Z. Lu, X.L. Kong, T. Zhou, S. Bansal, R. Hider, Eur. J. Med. Chem. 115

(2016) 132-140.

[28]   D.Y. Liu, Z.D. Liu, R.C Hider, Best Pract. Res. Clin. Haematol. 15 (2002) 369-384.

[29]   G.J. Kontoghiorghes, Front. Biosci (Elite Ed). 1 (2009) 161-178.

[30]   G.J. Kontoghiorghes, E. Eracleous, C. Economides, A. Kolnagou, Curr. Med. Chem. 12 (2005) 2663-2681.

[31]   R. Galanello, Ther. Clin. Risk Manag. 3 (2007) 795-805.

[32]   S. Singh, R.O. Epemolu, P.S. Dobbin, G.S. Tilbrook, B.L. Ellis, L.A. Damani, R.C. Hider, Drug Metab. Dispos. 20 (1992) 256-261.

[33]   A.Ceci, P. Baiardi, M. Felisi, M.D. Cappellini, V. Carnelli, V. De Sanctis, R. Galanello, A. Maggio, G. Masera, A. Piga, Br. J. Haematol. 118 (2002) 330-336.

[34]   Y. Ma, X. Kong, Y.l. Chen, R.C. Hider, Dalton Trans. 43 (2014) 1712017128.

[35]   Y.M. Ma e R.C. Hider, Tetrahedron Lett. 51 (2010) 5230-5233.

[36]   U. Ryde and P. Soderhjelm, Chem. Rev. 116 (2016) 5520-5566.

[37]   S. Kaviani, M. Izadyar, M.R. Housaindokht, Polyhedron. 117 (2016) 623-627.

[38]   S. Kaviani, M. Izadyar, M.R. Housaindokht, Comput. Biol. Chem. 67 (2017) 114-121.

[39]   S. Salehi, A.S. Saljooghi, M. Izadyar, Comput. Biol. Chem. 64 (2016) 99-106.

[40]   C.M.P. Violet, S. Vijayakumar, R. Shankar, J. Mol. Graph. Model. 79 (2017) 1-14.

[41]   T. Zhou, D. Huang, A. Caflisch, Curr. Top. Med. Chem. 10 (2010) 33-45.

[42]   Y.L. Chen, D.J. Barlow, X.L. Kong, Y.M. Ma, R.C. Hider, Dalton Trans. 41 (2012)

6549-6557.

[43] J. Sebestik, M. Safarik, P. Bour, Inorg. Chem. 51 (2012) 4473-4481.

[44] M.J. Frisch, G.W Trucks, H.B. Schlegel, M.A.Robb, J.R. Cheeseman, G.Scalmani, G.E. Scuseria, V. Barone, B. Mennucci, G.A. Petersson, et al., Gaussian 09, Revisão A02, Gaussian Inc, Wallingford, CT, 2009.

[45] Y. Zhao and D.G. Truhlar, Theor. Chem. Acc. 120 (2008) 215-241.

[46] J.D. Chai e M. Head-Gordon, Phys. Chem. Chem. Phys. 10 (2008) 66156620.

[47] V.A. Rassolov, J.A. Pople, M.A. Ratner, T.L. Windus, J. Chem. Phys. 109 (1998) 1223-1229.

[48] V. Barone e M. Cossi, J. Phys. Chem. A. 102 (1998) 1995-2001.

[49] M. Cossi, N. Rega, G. Scalmani, V. Barone, J. Comput. Chem. 24 (2003) 669681.

[50] J. Tomasi, B. Mennucci, R. Cammi, Chem. Rev. 105 (2005) 2999-3094.

[51] T.M. Krygowski, M.K. Cyranski, Chem. Rev. 101 (2001) 1385-1420.

[52] M.G. Hernandez, A. Beste, G. Frenking, F. Illas, Chem. Phys. Lett. 320 (2000) 222-228.

[53] A.E. Reed, L.A. Curtiss, F. Weinhold, Chem. Rev. 88 (1988) 899-926.
[54] L.R. Domingo, M. Rios-Gutierrez, P. Perez, Molecules. 21 (2016) 1-22.

[55] X.J. Hou, G. Gopakumar, P. Lievens, M.T. Nguyen, J. Phys. Chem. A. 111 (2007) 13544-13553.

[56] W.Y. Wang, N.N. Ma, C.H. Wang, M.Y. Zhang, S.L. Sun, Y.Q. Qiu, J. Mol. Graph. Model. 48 (2014) 28-35.

[57] R.F.W. Bader, Chem. Rev. 91 (1991) 893-928.

[58] T. Lu and F. Chen, J. Comput. Chem. 33 (2012) 580-592.

[59] S. Myradalyyev, T. Limpanuparb, X. Wang, H. Hirao, Polyhedron. 52 (2013) 96-101.

[60] H. Hirao, D. Kumar, W. Thiel, S. Shaik, J. Am. Chem. Soc. 127 (2005) 13007-13018.

[61] M. Nihei, T. Shiga, Y. Maeda, H. Oshio, Coord. Chem. Rev. 251 (2007) 2606-2621.

[62] A. Tesmar, I. Anusiewicz, L. Chmurzynski, Struct. Chem. 28 (2017) 17231730.

[63] P. Verma, Z. Varga, D.G. Truhlar, J. Phys. Chem. A. 122 (2018) 2563-2579.

[64] M.G.I. Galinato, C.M. Whaley, N. Lehnert, Inorg. Chem. 49 (2010) 32013215.

[65] M. Fusa, I. Rimoldi, E. Cesarotti, S. Rampino, V. Barone, Phys. Chem. Chem. Phys. 19 (2017) 9028-9038.

[66] T.M. Krygowski, J. Chem. Inf. Comp. Sci. 33 (1993) 70-78.

[67] A. Milicevic, N. Raos, Arch. Ind. Hyg. Toxicol. 64 (2013) 539-544.

[68] S. Dapprich, G. Frenking, J. Phys. Chem. 99 (1995) 9352-9362.

[69] J.I. Aihara, J. Phys. Chem. A. 103 (1999) 7487-7495.

[70] P. Perez, L.R. Domingo, A. Aizman, R. Contreras, Theor. Comput. Chem. 19 (2007) 139-201.

[71] S.M. Soliman, M. Abu-Youssef, J. Albering, A. El-Faham, J. Chem. Sci. 127 (2015)

2137-2149.

[72] E. Ruiz, J. Cirera, S. Alvarez, Coord. Chem. Rev. 249 (2005) 2649-2660.

[73] P. Politzer, J.S. Murray, Z. Peralta-Inga, Int. J. Quantum Chem. 85 (2001) 676-684.

[74] H.J. Nono, D.B. Mama, J.N. Ghogomu, E. Younang, Bioinorg. Chem. Appl. 2017 (2017) 1-15.

[75] S.M. Soliman, A. Barakat, Molecules. 21 (2016) 1-22.

[76] C.S. Lopez, O.N. Faza, F.P. Cossio, D.M. York, A.R. de Lera, Chem. Eur. J. 11 (2005) 1734-1738.

[77] D. Hugas, L. Guillaumes, M. Duran, S. Simon, Comput. Theor. Chem. 998 (2012) 113-119.

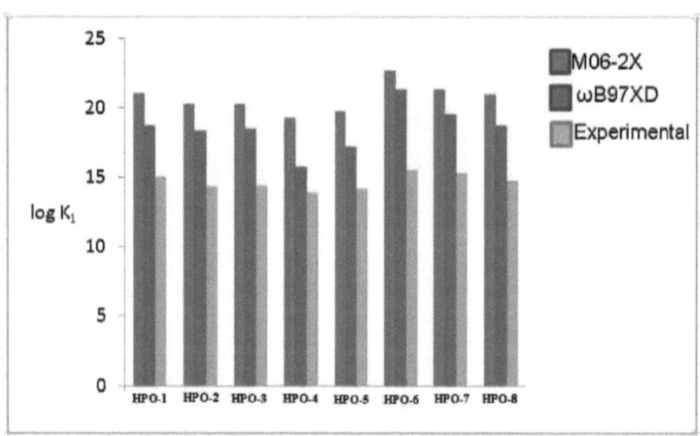

Fig. S1. Log K calculado₁ para os diferentes HPOs pelos funcionais ωB97XD e M06-2X.

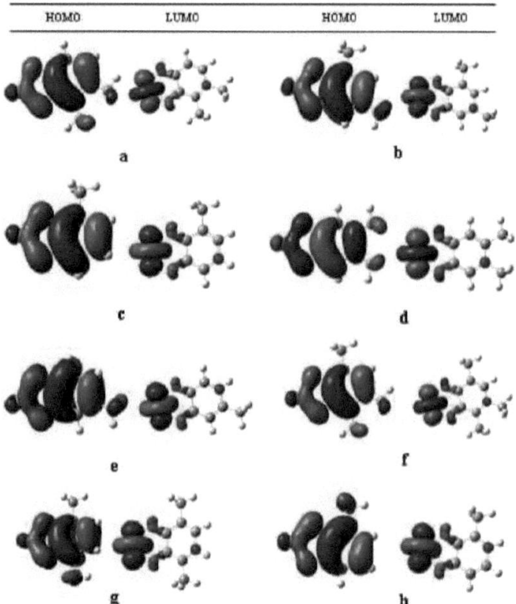

Fig. 52.   Diagramas orbitais moleculares de fronteira dos complexos a) [Fe-HPO1]²⁺ , b) [Fe-HPO2]²⁺ c) [Fe-HPO3]²⁺ , d) [Fe-HPO4]²⁺ , e)
[Fe-HPO5]²⁺ , f) [Fe-HPO6]²⁺ , g) [Fe-HPO7]²⁺ e h) [Fe-HPO8]²⁺ .

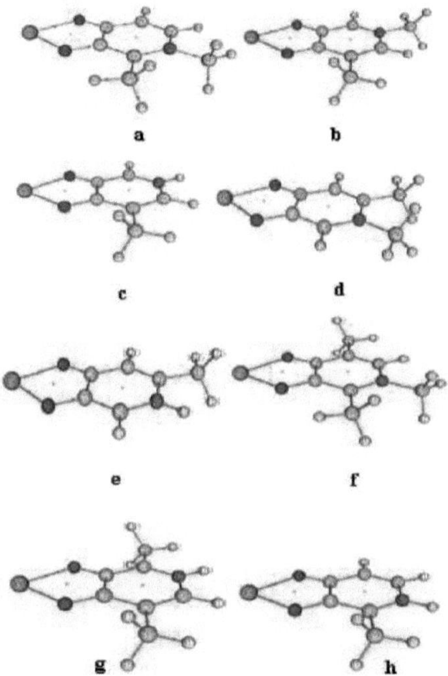

Fig. 53. Gráficos moleculares topológicos dos complexos a) [Fe-HPO1]$^{2+}$, b) [Fe-HPO2]$^{2+}$ c) [Fe-HPO3]$^{2+}$, d) [Fe-HPO4]$^{2+}$, e) [Fe-HPO5]$^{2+}$, f) [Fe-HPO6]$^{2+}$, g) [Fe-HPO7]$^{2+}$ e h) complexos [Fe-HPO8]$^{2+}$.

Quadro S1

Análise CDA para a doação (d), retrodoação (b) e polarização repulsiva (r) dos complexos $[Fe-HPO]^{2+}$ ao nível da teoria ωB97XD

Complex	d	b	r
$[Fe-HPO1]^{2+}$	0.246	0.0061	-0.0133
$[Fe-HPO2]^{2+}$	0.242	0.0082	-0.0100
$[Fe-HPfO3]^{2+}$	0.240	0.0066	-0.0109
$[Fe-HPO4]^{2+}$	0.241	0.0079	-0.0059
$[Fe-HPO5]^{2+}$	0.248	0.0060	-0.0112
$[Fe-HPO6]^{2+}$	0.252	0.0083	-0.0095
$[Fe-HPO7]^{2+}$	0.243	0.0024	-0.0064
$[Fe-HPO8]^{2+}$	0.251	0.0093	-0.0144

Quadro S2

Valores da densidade de spin nos vários sítios atómicos dos complexos $[Fe-HPO]^{2+}$

Complex	Atom	Mulliken spin
$[Fe-HPO1]^{2+}$	Fe	3.959
	O_2	0.435
	O11	0.223
$[Fe-HPO2]^{2+}$	Fe	3.963
	O_2	0.427
	O10	0.231
$[Fe-HPO3]^{2+}$	Fe	3.957
	O_2	0.454
	O9	0.219
$[Fe-HPO4]^{2+}$	Fe	3.963
	O_2	0.440
	O10	0.210
$[Fe-HPO5]^{2+}$	Fe	3.968
	O_2	0.427
	O9	0.189
$[Fe-HPO6]^{2+}$	Fe	3.970
	O_2	0.464
	O10	0.241
$[Fe-HPO7]^{2+}$	Fe	3.961
	O_2	0.451
	O10	0.212
$[Fe-HPO8]^{2+}$	Fe	3.964
	O_2	0.455
	O10	0.206

Quadro S3

Valores calculados da ELF e da LOL no BCP das ligações Fe-O

Complex	Bond	ELF	LOL
$[Fe\text{-}HPO1]^{2+}$	$Fe{-}O_2$	0.131	0.274
	$Fe{-}O_{11}$	0.171	0.308
$[Fe\text{-}HPO2]^{2+}$	$Fe{-}O_2$	0.135	0.277
	$Fe{-}O_{10}$	0.161	0.300
$[Fe\text{-}HPO3]^{2+}$	$Fe{-}O_2$	0.129	0.271
	$Fe{-}O_9$	0.170	0.307
$[Fe\text{-}HPO4]^{2+}$	$Fe{-}O_2$	0.129	0.271
	$Fe{-}O_{10}$	0.173	0.309
$[Fe\text{-}HPO5]^{2+}$	$Fe{-}O_2$	0.126	0.269
	$Fe{-}O_9$	0.173	0.309
$[Fe\text{-}HPO6]^{2+}$	$Fe{-}O_2$	0.136	0.276
	$Fe{-}O_{11}$	0.174	0.311
$[Fe\text{-}HPO7]^{2+}$	$Fe{-}O_2$	0.129	0.272
	$Fe{-}O_{10}$	0.173	0.309
$[Fe\text{-}HPO8]^{2+}$	$Fe{-}O_2$	0.130	0.273
	$Fe{-}O_{10}$	0.171	0.307

Foi efectuado um estudo DFT para investigar a estabilidade dos complexos $[Fe\text{-}HPO]^{2+}$.

As interações não covalentes são a força motriz da formação do complexo.

Foi obtida uma correlação razoável entre os resultados de ωB97XD e os dados experimentais.

Os derivados eletrão-donativos dos HPOs têm uma maior seletividade para o Fe^{3+}.

Com base em diferentes análises, estes tipos de agentes quelantes são os candidatos eficazes para a terapia de quelação do ferro.

Printed by Books on Demand GmbH, Norderstedt / Germany